Atomgewichtstafeln

mit

multiplen Werthen

nebst den am häufigsten in Betracht kommenden

Moleculargewichten und Umrechnungsfactoren.

Für den Gebrauch im Laboratorium zusammengestellt

von

Dr. U. Kreusler,

Prof. a. d. landwirthschaftl. Akademie Poppelsdorf-Bonn.

Zweite, vermehrte und verbesserte Auflage,

den vervollkommneten Atomgewichtsermittelungen gemäss abgeändert und neuberechnet für die Grundlage

0=16.

(Vgl. Kommissionsbeschlüsse der deutschen chemischen Gesellschaft, „Berichte“ 1898, S. 2761.)

Bonn,

A. Marcus und E. Weber's Verlag.

1899.

Vorbemerkung. Sämmtliche in den Tabellen enthaltenen Werthe fussen auf den von der deutschen chemischen Gesellschaft neuestens in Vorschlag gebrachten Atomgewichtszahlen, unter Berücksichtigung der von dem Kommissionsbericht geltend gemachten Gesichtspunkte.

Danach bedeutet das Zeichen (?), dass die betreffenden Atomgewichtszahlen auf ganze Einheiten unsicher sind, oder dass rücksichtlich der Homogenität des fraglichen Elementes noch Zweifel bestehen. Im übrigen kann die jeweilig letzte Ziffer (mit einzelnen, durch ein Sternchen bezeichneten Ausnahmen) noch Anspruch auf genügende Sicherheit machen.

Den Grundsatz, nicht mehr als die wirklich sicheren Stellen zu geben, auch bei den Multiplen u. s. w. durch eine entsprechende Kürzung zum Ausdruck zu bringen, erschien weder nöthig noch rathsam, zumal sich die Grenze leicht genug kennzeichnet. Die Rechnung für Wasserstoff greift auf die genauere Ziffer (H = 1,008) zurück, beschränkt sich aber der Gleichmässigkeit wegen auf 2 Dezimalen.

Die Benutzung ergiebt sich, soweit sie nicht selbstverständlich erscheint, aus den den einzelnen Tabellen beigefügten Vermerken.

Werthe für das ein- bis zehnfache Atomgewicht der Elemente.

		1	2	3	4	5	6	7	8	9	10
Aluminium	**Al**	27.1	54.2	81.3	108.4	135.5	162.6	189.7	216.8	243.9	271.0
Antimon	**Sb**	120	240	360	480	600	720	840	960	1080	1200
Argon (?)	**A**	40	80	120	160	200	240	280	320	360	400
Arsen	**As**	75	150	225	300	375	450	525	600	675	750
Baryum	**Ba**	137.4	274.8	412.2	549.6	687.0	824.4	961.8	1099.2	1236.6	1374.0
Beryllium	**Be**	9.1	18.2	27.3	36.4	45.5	54.6	63.7	72.8	81.9	91.0
Blei	**Pb**	206.9	413.8	620.7	827.6	1034.5	1241.4	1448.3	1655.2	1862.1	2069.0
Bor	**B**	11	22	33	44	55	66	77	88	99	110
Brom	**Br**	79.96	159.92	239.88	319.84	399.80	479.76	559.72	639.68	719.64	799.60
Cadmium	**Cd**	112	224	336	448	560	672	784	896	1008	1120
Caesium	**Cs**	133	266	399	532	665	798	931	1064	1197	1330
Calcium	**Ca**	40	80	120	160	200	240	280	320	360	400
Cerium	**Ce**	140	280	420	560	700	840	980	1120	1260	1400
Chlor	**Cl**	35.45	70.90	106.35	141.80	177.25	212.70	248.15	283.60	319.05	354.50
Chrom	**Cr**	52.1	104.2	156.3	208.4	260.5	312.6	364.7	416.8	468.9	521.0
Eisen	**Fe**	56.0	112.0	168.0	224.0	280.0	336.0	392.0	448.0	504.0	560.0
Erbium (?)	**Er**	166	332	498	664	830	996	1162	1328	1494	1660
Fluor	**F**	19	38	57	76	95	114	133	152	171	190
Gallium	**Ga**	70	140	210	280	350	420	490	560	630	700
Germanium	**Ge**	72	144	216	288	360	432	504	576	648	720
Gold	**Au**	197.2	394.4	591.6	788.8	986.0	1183.2	1380.4	1577.6	1774.8	1972.0
Helium (?)	**He**	4	8	12	16	20	24	28	32	36	40
Indium	**Jn**	114	228	342	456	570	684	798	912	1026	1140
Iridium	**Jr**	193.0	386.0	579.0	772.0	965.0	1158.0	1351.0	1544.0	1737.0	1930.0
Jod	**J**	126.85	253.70	380.55	507.40	634.25	761.10	887.95	1014.80	1141.65	1268.50
Kalium	**K**	39.15	78.30	117.45	156.60	195.75	234.90	274.05	313.20	352.35	391.50
Kobalt	**Co**	59	118	177	236	295	354	413	472	531	590
Kohlenstoff	**C**	12.00	24.00	36.00	48.00	60.00	72.00	84.00	96.00	108.00	120.00

Werthe für das ein- bis zehnfache Atomgewicht der Elemente.

		1	2	3	4	5	6	7	8	9	10
Kupfer	**Cu**	63.6	127.2	190.8	254.4	318.0	381.6	445.2	508.8	572.4	636.0
Lanthan . . .	**La**	138	276	414	552	690	828	966	1104	1242	1380
Lithium	**Li**	7.03	14.06	21.09	28.12	35.15	42.18	49.21	56.24	63.27	70.30
Magnesium . .	**Mg**	24.36	48.72	73.08	97.44	121.80	146.16	170.52	194.88	219.24	243.60
Mangan	**Mn**	55.0	110.0	165.0	220.0	275.0	330.0	385.0	440.0	495.0	550.0
Molybdän . . .	**Mo**	96.0	192.0	288.0	384.0	480.0	576.0	672.0	768.0	864.0	960.0
Natrium	**Na**	23.05	46.10	69.15	92.20	115.25	138.30	161.35	184.40	207.45	230.50
Neodym (?) . .	**Nd**	144	288	432	576	720	864	1008	1152	1296	1440
Nickel	**Ni**	58.7*	117.4	176.1	234.8	293.5	352.2	410.9	469.6	528.3	587.0
Niobium . . .	**Nb**	94	188	282	376	470	564	658	752	846	940
Osmium	**Os**	191	382	573	764	955	1146	1337	1528	1719	1910
Palladium . . .	**Pd**	106	212	318	424	530	636	742	848	954	1060
Phosphor . . .	**P**	31.0	62.0	93.0	124.0	155.0	186.0	217.0	248.0	279.0	310.0
Platin	**Pt**	194.8	389.6	584.4	779.2	974.0	1168.8	1363.6	1558.4	1753.2	1948.0
Praseodym (?)	**Pr**	140	280	420	560	700	840	980	1120	1260	1400
Quecksilber . .	**Hg**	200.3	400.6	600.9	801.2	1001.5	1201.8	1402.1	1602.4	1802.7	2003.0
Rhodium . . .	**Rh**	103.0	206.0	309.0	412.0	515.0	618.0	721.0	824.0	927.0	1030.0
Rubidium . . .	**Rb**	85.4	170.8	256.2	341.6	427.0	512.4	597.8	683.2	768.6	854.0
Ruthenium . .	**Ru**	101.7	203.4	305.1	406.8	508.5	610.2	711.9	813.6	915.3	1017.0
Samarium (?) .	**Sa**	150	300	450	600	750	900	1050	1200	1350	1500
Sauerstoff . . .	**O**	16.00	32.00	48.00	64.00	80.00	96.00	112.00	128.00	144.00	160.00
Scandium . . .	**Sc**	44.1	88.2	132.3	176.4	220.5	264.6	308.7	352.8	396.9	441.0
Schwefel . . .	**S**	32.06	64.12	96.18	128.24	160.30	192.36	224.42	256.48	288.54	320.60
Selen	**Se**	79.1	158.2	237.3	316.4	395.5	474.6	553.7	632.8	711.9	791.0
Silber	**Ag**	107.93	215.86	323.79	431.72	539.65	647.58	755.51	863.44	971.37	1079.30
Silicium	**Si**	28.4	56.8	85.2	113.6	142.0	170.4	198.8	227.2	255.6	284.0
Stickstoff . . .	**N**	14.04	28.08	42.12	56.16	70.20	84.24	98.28	112.32	126.36	140.40
Strontium . . .	**Sr**	87.6	175.2	262.8	350.4	438.0	525.6	613.2	700.8	788.4	876.0
Tantal	**Ta**	183	366	549	732	915	1098	1281	1464	1647	1830
Tellur	**Te**	127	254	381	508	635	762	889	1016	1143	1270
Thallium . . .	**Tl**	204.1	408.2	612.3	816.4	1020.5	1224.6	1428.7	1632.8	1836.9	2041.0
Thorium . . .	**Th**	232	464	696	928	1160	1392	1624	1856	2088	2320
Titan	**Ti**	48.1	96.2	144.3	192.4	240.5	288.6	336.7	384.8	432.9	481.0
Uran	**U**	239.5	479.0	718.5	958.0	1197.5	1437.0	1676.5	1916.0	2155.5	2395.0
Vanadin	**V**	51.2	102.4	153.6	204.8	256.0	307.2	358.4	409.6	460.8	512.0
Wasserstoff . .	**H**	1.01	2.02	3.02	4.03	5.04	6.05	7.06	8.06	9.07	10.08
Wismuth . . .	**Bi**	208.5*	417.0	625.5	834.0	1042.5	1251.0	1459.5	1668.0	1876.5	2085.0
Wolfram . . .	**W**	184	368	552	736	920	1104	1288	1472	1656	1840
Ytterbium . .	**Yb**	173	346	519	692	865	1038	1211	1384	1557	1730
Yttrium	**Y**	89	178	267	356	445	534	623	712	801	890
Zink	**Zn**	65.4	130.8	196.2	261.6	327.0	392.4	457.8	523.2	588.6	654.0
Zinn	**Sn**	118.5*	237.0	355.5	474.0	592.5	711.0	829.5	948.0	1066.5	1185.0
Zirconium . . .	**Zr**	90.6	181.2	271.8	362.4	453.0	543.6	634.2	724.8	815.4	906.0

Werthe des ein- bis hundertfachen Atomgewichtes
für Kohlenstoff, Wasserstoff, Sauerstoff, Stickstoff.

C	0	1	2	3	4	5	6	7	8	9
0		12	24	36	48	60	72	84	96	108
1	120	132	144	156	168	180	192	204	216	228
2	240	252	264	276	288	300	312	324	336	348
3	360	372	384	396	408	420	432	444	456	468
4	480	492	504	516	528	540	552	564	576	588
5	600	612	624	636	648	660	672	684	696	708
6	720	732	744	756	768	780	792	804	816	828
7	840	852	864	876	888	900	912	924	936	948
8	960	972	984	996	1008	1020	1032	1044	1056	1068
9	1080	1092	1104	1116	1128	1140	1152	1164	1176	1188

H	0	1	2	3	4	5	6	7	8	9
0		1.01	2.02	3.02	4.03	5.04	6.05	7.06	8.06	9.07
1	10.08	11.09	12.10	13.10	14.11	15.12	16.13	17.14	18.14	19.15
2	20.16	21.17	22.18	23.18	24.19	25.20	26.21	27.22	28.22	29.23
3	30.24	31.25	32.26	33.26	34.27	35.28	36.29	37.30	38.30	39.31
4	40.32	41.33	42.34	43.34	44.35	45.36	46.37	47.38	48.38	49.39
5	50.40	51.41	52.42	53.42	54.43	55.44	56.45	57.46	58.46	59.47
6	60.48	61.49	62.50	63.50	64.51	65.52	66.53	67.54	68.54	69.55
7	70.56	71.57	72.58	73.58	74.59	75.60	76.61	77.62	78.62	79.63
8	80.64	81.65	82.66	83.66	84.67	85.68	86.69	87.70	88.70	89.71
9	90.72	91.73	92.74	93.74	94.75	95.76	96.77	97.78	98.78	99.79

O	0	1	2	3	4	5	6	7	8	9
0		16	32	48	64	80	96	112	128	144
1	160	176	192	208	224	240	256	272	288	304
2	320	336	352	368	384	400	416	432	448	464
3	480	496	512	528	544	560	576	592	608	624
4	640	656	672	688	704	720	736	752	768	784
5	800	816	832	848	864	880	896	912	928	944
6	960	976	992	1008	1024	1040	1056	1072	1088	1104
7	1120	1136	1152	1168	1184	1200	1216	1232	1248	1264
8	1280	1296	1312	1328	1344	1360	1376	1392	1408	1424
9	1440	1456	1472	1488	1504	1520	1536	1552	1568	1584

N	0	1	2	3	4	5	6	7	8	9
0		14.04	28.08	42.12	56.16	70.20	84.24	98.28	112.32	126.36
1	140.40	154.44	168.48	182.52	196.56	210.60	224.64	238.68	252.72	266.76
2	280.80	294.84	308.88	322.92	336.96	351.00	365.04	379.08	393.12	407.16
3	421.20	435.24	449.28	463.32	477.36	491.40	505.44	519.48	533.52	547.56
4	561.60	575.64	589.68	603.72	617.76	631.80	645.84	659.88	673.92	687.96
5	702.00	716.04	730.08	744.12	758.16	772.20	786.24	800.28	814.32	828.36
6	842.40	856.44	870.48	884.52	898.56	912.60	926.64	940.68	954.72	968.76
7	982.80	996.84	1010.88	1024.92	1038.96	1053.00	1067.04	1081.08	1095.12	1109.16
8	1123.20	1137.24	1151.28	1165.32	1179.36	1193.40	1207.44	1221.48	1235.52	1249.56
9	1263.60	1277.64	1291.68	1305.72	1319.76	1333.80	1347.84	1361.88	1375.92	1389.96

Die Ziffern am Rande oberhalb der Tabellen bedeuten die Einer, die seitlichen die Zehner der in Frage kommenden Anzahl Atome; die gesuchte Atomgewichtszahl findet man demnach an der Kreuzungsstelle der betreffenden Spalten.

Moleculargewichte und Umrechnungsfactoren.

Für die auf einander zu beziehenden Verbindungen und Elemente in je einer Horizontalzeile findet sich zunächst unter der Formel das Moleculargewicht (bezw. Atomgewicht — oder nach Erforderniss ein Mehrfaches von den Beträgen) verzeichnet. Die nachfolgenden Proportionalreihen setzen für eine jeweilig „gegebene“ Verbindungsform den Zifferwerth 1 an, wonach also der zur Umrechnung erforderte „Factor“ allemal in die Verticalcolumne der Formel für die „gesuchte“ zu stehen kommt.

Die am häufigsten zur Wägung gebrachte Form ist im allgemeinen vorausgestellt worden; im übrigen möge zur Erleichterung des Aufsuchens der folgende Wegweiser dienen, welcher neben den Namen der überhaupt berücksichtigten Elemente soweit thunlich die Nummern der Schemata angiebt, woselbst sie vornehmlich (fette Ziffer) oder nebenher (magere Ziffer) Unterkunft fanden.

Aluminium **4**
Arsen **5**
Baryum **6**. 8
Blei 8. **16** Brom **2**
Calcium **7**. 13
Chlor **1**. 11. 17
Chrom 8. 16
Eisen **10**. 14
Jod **3**
Kalium 1. 2. **11**. 12
Kohlenstoff 6. 7. 15
Kupfer **9**
Magnesium **5**. **18**
Mangan **14**
Natrium 1. 2. 12. **15**
Phosphor 10. **18**
Platin 11. **17**
Sauerstoff **14**
Schwefel **6**. 7. 11. 15. 17. 19
Silber **1**. **2**. **3**
Stickstoff **12**. **17**
Strontium **18**
Wasserstoff 1. 2. **15**
Zink **19**

1)

$AgCl$ 143.38	Ag 107.93	$AgNO_3$ 169.97	Cl 35.45	HCl 36.46	KCl 74.60	$NaCl$ 58.50	KOH 56.16	$NaOH$ 40.06
1	0,75276	1,18545	0,24725	0,25429	0,52030	0,40801	0,39169	0,27940
1,32845	1	1,57482	0,32845	0,33781	0,69119	0,54202	0,52034	0,37117
0,84356	0,63499	1	0,20857	0,21451	0,43890	0,34418	0,33041	0,23569
4,04456	3,04456	4,79463	1	1,02849	2,10437	1,65021	1,58420	1,13004
3,93253	2,96023	4,66182	0,97230	1	2,04608	1,60450	1,54032	1,09874
1,92198	1,44678	2,27841	0,47520	0,48874	1	0,78418	0,75281	0,53700
2,45094	1,84496	2,90547	0,60598	0,62325	1,27521	1	0,96000	0,68479
2,55307	1,92183	3,02654	0,63123	0,64922	1,32835	1,04167	1	0,71332
3,57913	2,69421	4,24289	0,88492	0,91014	1,86221	1,46031	1,40190	1

2)

$AgBr$ 187.89	Br 79.96	HBr 80.97	KBr 119.11	$NaBr$ 103.01
1	0,42557	0,43094	0,63393	0,54825
2,34980	1	1,01263	1,48962	1,28827
2,32049	0,98753	1	1,47104	1,27220
1,57745	0,67131	0,67979	1	0,86483
1,82400	0,77624	0,78604	1,15630	1

3)

AgJ 234.78	J 126.85	HJ 127.86	KJ 166.00	NaJ 149.90
1	0,54029	0,54460	0,70705	0.63847
1,85085	1	1,00796	1,30863	1,18171
1,83623	0,99210	1	1,29829	1,17238
1,41434	0,76416	0,77024	1	0,90301
1,56624	0,84623	0,85297	1,10740	1

4)

Al_2O_3 102.2	Al_2 54.2	Al_2Cl_6 266.90	$Al_2(SO_4)_3$ 342.38	$K_2Al_2(SO_4)_4$ 516.74	$K_2Al_2(SO_4)_4+24H_2O$ 949.12
1	0,53033	2,61155	3,35010	5,05617	9,28689
1,88561	1	4,92436	6,31698	9,53396	17,51145
0,38291	0,20307	1	1,28280	1,93608	3,55609
0,29850	0,15830	0,77954	1	1,50926	2,77212
0,19778	0,10489	0,51651	0,66258	1	1,83675
0,10768	0,05711	0,28121	0,36074	0,54444	1

5)

As_2S_3 246.18	As_2 150	As_2O_3 198.0	As_2O_5 230.0	$2H_3AsO_4$ 284.05	$(MgNH_4AsO_4)_2+H_2O$ 380.88
1	0,60931	0,80429	0,93428	1,15383	1,54716
1.64120	1	1,32000	1,53333	1,89367	2,53920
1,24333	0,75758	1	1,16162	1,43459	1,92363
1,07035	0,65218	0,86087	1	1,23500	1,65600
0,86668	0,52808	0,69706	0,80972	1	1,34089
0,64635	0,39383	0,51985	0,60387	0,74577	1

6)

$BaSO_4$ 233.46	Ba 137.4	BaO 153.4	SO_3 80.06	SO_4 96.06	H_2SO_4 98.08	S 32.06	$BaCO_3$ 197.4	CO_2 44.00
1	0,58854	0,65707	0,34293	0,41146	0,42012	0,13733	0,84554	0,18847
1,69913	1	1,11645	0,58268	0,69913	0,71383	0,23333	1,43668	0,32023
1,52190	0,89570	1	0,52190	0,62621	0,63937	0,20900	1,28683	0,28683
2,91606	1,71621	1,91606	1	1,19985	1,22508	0,40045	2,46565	0,54960
2,43036	1,43036	1,59692	0,83344	1	1,02103	0,33375	2,05497	0,45805
2,38030	1,40090	1,56403	0,81627	0,97941	1	0,32688	2,01264	0,44861
7,28197	4,28571	4,78478	2,49719	2,99626	3,05926	1	6,15720	1,37243
1,18268	0,69605	0,77710	0,40557	0.48663	0,49686	0,16241	1	0,22290
5,30592	3,12273	3,48637	1,81955	2,18318	2,22909	0,72864	4,48637	1

7)

$CaSO_4$ 136.06	SO_3 80.06	H_2SO_4 98.08	Ca 40.0	CaO 56.0	$CaCO_3$ 100.0	CO_3 60.00	CO_2 44.00	C 12.00
1	0,58842	0,72086	0,29399	0,41158	0,73497	0,44098	0,32339	0,08820
1,69948	1	1,22508	0,49963	0,69948	1,24906	0,74944	0,54959	0,14989
1,38724	0,81627	1	0,40783	0,57096	1,01958	0,61175	0,44861	0,12235
3,40150	2,00150	2,45200	1	1,40000	2,50000	1,50000	1,10000	0,30000
2,42964	1,42964	1,75143	0,71429	1	1,78571	1,07143	0,78571	0,21429
1,36060	0,80060	0,98080	0,40000	0,56000	1	0,60000	0,44000	0,12000
2,26767	1,33433	1,63467	0,66667	0,93333	1,66667	1	0,73333	0,20000
3,09227	1,81955	2,22909	0,90909	1,27273	2,27273	1,36364	1	0,27273
11,33833	6,67166	8,17333	3,33333	4,66667	8,33333	5,00000	3,66667	1

8)

Cr_2O_3 152.2	Cr_2 104.2	$2CrO_3$ 200.2	$2K_2CrO_4$ 388.8	$K_2Cr_2O_7$ 294.5	$2BaCrO_4$ 507.0	$2PbCrO_4$ 646.0
1	0,68463	1,31537	2,55453	1,93495	3,33114	4,24441
1,46065	1	1,92131	3,73129	2,82630	4,86564	6,19962
0,76024	0,52048	1	1,94206	1,47103	2,53247	3,22677
0,39146	0,26800	0,51492	1	0,75746	1,30401	1,66152
0,51681	0,35382	0,67980	1,32021	1	1,72156	2,19355
0,30020	0,20552	0,39487	0,76687	0,58087	1	1,27416
0,23560	0,16130	0,30991	0,60186	0,45588	0,78483	1

9)

$2CuO$ 159.2	Cu_2 127.2	Cu_2O 143.2	Cu_2S 159.26	$2CuS$ 191.32	$2CuSO_4$ 319.32	$2(CuSO_4+5H_2O)$ 499.48
1	0,79900	0,89950	1,00038	1,20176	2,00578	3,13744
1,25157	1	1,12579	1,25204	1,50409	2,51038	3,92673
1,11173	0,88827	1	1,11215	1,33603	2,22989	3,48799
0,99962	0,79869	0,89916	1	1,20131	2,00502	3,13625
0,83212	0,66486	0,74849	0,83243	1	1,66904	2,61071
0,49856	0,39835	0,44845	0,49875	0,59915	1	1,56420
0,31873	0,25467	0,28670	0,31885	0,38304	0,63930	1

10)

Fe_2O_3 160.0	Fe_2 112.0	2FeO 144.0	$2FeSO_4$ 304.12	$2[Fe(NH_4)_2(SO_4)_2+6H_2O]$ 784.72	$2FePO_4$ 302.0	$2H_3PO_4$ 196.05	P_2O_5 142.0
1	0,70000	0,90000	1,90075	4,90450	1,88750	1,22531	0,88750
1,42857	1	1,28571	2,71536	7,00643	2,69643	1,75045	1,26786
1,11111	0,77778	1	2,11194	5,44944	2,09722	1,36146	0,98611
0,52611	0,36828	0,47350	1	2,58029	0,99303	0,64465	0,46692
0,20389	0,14273	0,18351	0,38755	1	0,38485	0,24983	0,18096
0,52980	0,37086	0,47682	1,00702	2,59841	1	0,64917	0,47020
0,81612	0,57128	0,73451	1,55124	4,00265	1,54042	1	0,72431
1,12676	0,78873	1,01408	2,14169	5,52619	2,12676	1,38063	1

11)

K_2SO_4 174.36	SO_4 96.06	SO_3 80.06	H_2SO_4 98.08	K_2 78.30	K_2O 94.30	2KOH 112.32	2KCl 149.20	K_2PtCl_6 485.8	Pt 194.8
1	0,55093	0,45917	0,56251	0,44907	0,54084	0,64418	0,85570	2,78619	1,11723
1,81512	1	0,83344	1,02103	0,81512	0,98168	1,16927	1,55320	5,05726	2,02790
2,17787	1,19985	1	1,22508	0,97802	1,17787	1,40295	1,86360	6,06795	2,43317
1,77773	0,97941	0,81627	1	0,79833	0,96146	1,14519	1,52121	4,95310	1,98613
2,22682	1,22682	1,02248	1,25262	1	1,20434	1,43448	1,90549	6,20434	2,48787
1,84899	1,01866	0,84899	1,04008	0,83033	1	1,19109	1,58218	5,15164	2,06575
1,55235	0,85524	0,71279	0,87322	0,69712	0,83957	1	1,32835	4,32514	1,73433
1,16863	0,64383	0,53660	0,65737	0,52480	0,63204	0,75282	1	3,25603	1,30563
0,35891	0,19774	0,16480	0,20189	0,16118	0,19411	0,23121	0,30712	1	0,40099
0,89507	0,49312	0,41099	0,50349	0,40195	0,48409	0,57659	0,76591	2,49384	1

12)

$2KNO_3$ 202.38	$2NaNO_3$ 170.18	$2HNO_3$ 126.10	N_2O_5 108.08	$2NO_2$ 92.08	N_2O_3 76.08	2NO 60.08	N_2O 44.08	N_2 28.08	$2NH_3$ 34.13
1	0,84089	0,62309	0,53405	0,45499	0,37593	0,29687	0,21781	0,13875	0,16864
1,18921	1	0,74098	0,63509	0,54107	0,44706	0,35304	0,25902	0,16500	0,20055
1,60492	1,34956	1	0,85710	0,73021	0,60333	0,47645	0,34956	0,22268	0,27066
1,87250	1,57458	1,16673	1	0,85196	0,70392	0,55589	0,40785	0,25981	0,31579
2,19787	1,84818	1,36946	1,17376	1	0,82624	0,65248	0,47871	0,30495	0,37066
2,66009	2,23686	1,65747	1,42061	1,21031	1	0,78970	0,57939	0,36909	0,44861
3,36851	2,83256	2,09887	1,79893	1,53262	1,26631	1	0,73369	0,46738	0,56808
4,59120	3,86071	2,86071	2,45191	2,08893	1,72595	1,36298	1	0,63702	0,77427
7,20726	6,06054	4,49074	3,84900	3,27920	2,70940	2,13960	1,56980	1	1,21545
5,92968	4,98623	3,69470	3,16672	2,69792	2,22912	1,76033	1,29153	0,82274	1

13)

$Mg_2P_2O_7$ 222.72	Mg_2 48.72	2MgO 80.72	$2MgCl_2$ 190.52	$2MgSO_4$ 240.84	P_2 62.0	P_2O_5 142.0	$2H_3PO_4$ 196.05	$Ca_3(PO_4)_2$ 310.0
1	0,21875	0,36243	0,85542	1,08136	0,27838	0,63757	0,88025	1,39188
4,57143	1	1,65681	3,91051	4,94335	1,27258	2,91461	4,02401	6,36289
2,75917	0,60357	1	2,36026	2,98365	0,76809	1,75917	2,42877	3,84044
1,16902	0,25573	0,42369	1	1,26413	0,32543	0,74533	1,02904	1,62712
0,92476	0,20229	0,33516	0,79106	1	0,25743	0,58960	0,81403	1,28716
3,59226	0,78581	1,30193	3,07290	3,88451	1	2,29032	3,16209	5,00000
1,56845	0,34310	0,56845	1,34169	1,69606	0,43662	1	1,38063	2,18310
1,13604	0,24851	0,41173	0,97179	1,22846	0,31625	0,72431	1	1,58123
0,71845	0,15716	0,26039	0,61458	0,77690	0,20000	0,45807	0,63242	1

14)

Mn_3O_4 229.0	Mn_3 165.0	$3MnO$ 213.0	$3MnO_2$ 261.0	$3MnS$ 261.18	$3KMnO_4$ 474.45	$7^1/_2O$ 120.0	$15Fe$ 840.0
1	0,72052	0,93013	1,13974	1,14052	2,07183	Verfügbar bei Reduktion des Permanganates zu Manganoxydulsalz	Aus Ferro- in Ferri-Verbindung überführbar
1,38788	1	1,29091	1,58182	1,58291	2,87546		
1,07512	0,77465	1	1,22535	1,22620	2,22747		
0,87740	0,63219	0,81609	1	1,00069	1,81782		
0,87679	0,63175	0,81553	0,99931	1	1,81656		
0,48266	0,34777	0,44894	0,55011	0,55049	1	0,25292	1,77047
—	—	—	—	—	3,95375	1	7,00000
—	—	—	—	—	0,56482	0,14286	1

15)

Na_2SO_4 142.16	Na_2 46.10	Na_2O 62.10	$2NaOH$ 80.12	$2NaCl$ 117.00	Na_2CO_3 106.10	CO_2 44.00	H_2SO_4 98.08	H_2O 18.016	H_2 2.016
1	0,32428	0,43683	0,56359	0,82302	0,74634	0,30951	0,68993	0,12673	0,01418
3,08373	1	1,34707	1,73796	2,53796	2,30152	0,95445	2,12755	0,39080	0,04373
2,28921	0,74235	1	1,29018	1,88406	1,70853	0,70854	1,57939	0,29011	0,03246
1,77434	0,57539	0,77509	1	1,46031	1,32426	0,54918	1,22416	0,22486	0,02516
1,21504	0,39402	0,53077	0,68479	1	0,90684	0,37607	0,83829	0,15398	0,01723
1.33987	0,43450	0,58530	0,75514	1,10273	1	0,41470	0,92441	0,16980	0,01900
3,23091	1,04773	1,41137	1,82091	2,65909	2,41137	1	2,22909	0,40946	0,04582
1,44943	0,47003	0,63316	0,81688	1,19290	1,08177	0,44861	1	0,18369	0,02055
7,89076	2,55884	3,44694	4,44716	6,49423	5,88921	2,44227	5,44405	1	0,11190
70,51591	22,86708	30,80359	39,74208	58,03574	52,62900	21,82541	48,65082	8,93651	1

16)

$PbSO_4$ 302.96	Pb 206.9	PbO 222.9	PbS 238.96	$PbCl_2$ 277.8	$Pb(NO_3)_2$ 330.98	$PbCrO_4$ 323.0
1	0,68293	0,73574	0,78875	0,91695	1,09249	1,06615
1,46428	1	1,07733	1,15495	1,34268	1,59971	1,56114
1,35918	0,92822	1	1,07205	1,24630	1,48488	1,44908
1,26783	0,86584	0,93279	1	1,16254	1,38509	1,35169
1,09057	0,74478	0,80238	0,86019	1	1,19143	1,16271
0,91534	0,62511	0,67345	0,72198	0,83933	1	0,97589
0,93796	0,64056	0,69009	0,73981	0,86006	1,02471	1

17)

Pt 194.8	$PtCl_6(NH_4)_2$ 443.64	$2NH_4$ 36.14	$2NH_3$ 34.13	$2N$ 28.08	$2NH_4Cl$ 107.04	$(NH_4)_2SO_4$ 132.20	$2HCl$ 72.92	H_2SO_4 98.08
1	2,27741	0,18552	0,17521	0,14415	0,54949	0,67865	0,37433	0,50349
0,43909	1	0,08146	0,07693	0,06329	0,24128	0,29799	0,16437	0,22108
5,39015	12,27562	1	0,94438	0,77698	2,96182	3,65800	2,01771	2,71389
5,70759	12,99854	1,05889	1	0,82274	3,13624	3,87343	2,13654	2,87372
6,93732	15,79913	1,28704	1,21545	1	3,81196	4,70797	2,59686	3,49287
1,81988	4,14462	0,33763	0,31885	0,26233	1	1,23505	0,68124	0,91629
1,47353	3,35583	0,27337	0,25817	0,21241	0,80968	1	0,55159	0,74191
2,67142	6,08393	0,49561	0,46805	0,38508	1,46791	1,81295	1	1,34504
1,98613	4,52325	0,36848	0,34798	0,28630	1,09135	1,34788	0,74348	1

18)

$SrSO_4$ 183.66	Sr 87.6	SrO 103.6	SrS 119.66	$SrCO_3$ 147.6
1	0,47697	0,56409	0,65153	0,80366
2,09658	1	1,18265	1,36598	1,68493
1,77278	0,84556	1	1,15502	1,42471
1,53485	0,73207	0,86579	1	1,23349
1,24431	0,59350	0,70190	0,81070	1

19)

ZnO 81.4	Zn 65.4	ZnS 97.46	$ZnSO_4$ 161.46	H_2SO_4 98.08
1	0,80344	1,19730	1,98354	1,20491
1,24465	1	1,49021	2,46881	1,49969
0,83521	0,67104	1	1,65668	1,00636
0,50415	0,40505	0,60362	1	0,60746
0,82993	0,66680	0,99368	1,64621	1

FSC
www.fsc.org
MIX
Papier | Fördert gute Waldnutzung
FSC® C083411

Zeitfracht Medien GmbH
Ferdinand-Jühlke-Straße 7
99095 Erfurt, Deutschland
produktsicherheit@kolibri360.de